普通高等教育工程训练系列教材

工程训练实训报告
第3版

主　编　张玉华　杨树财
参　编　徐雯雯　吴　桐　纪　珊　孙汝苇　刘一鸣
　　　　王　贯　郭静兰　于志祥　孙彦新　石春源　罗淑芹

机 械 工 业 出 版 社

本书共有 11 章和两套综合试卷，包括车削加工实训报告、钳工实训报告、铣削与磨削实训报告、焊接实训报告、热处理与铸造实训报告、数控车削实训报告、数控铣削实训报告、电火花线切割实训报告、快速原型制造实训报告、电机电工工艺实训报告、智能控制实训报告以及两套综合试卷。本书实用价值高，便于学生在工程训练中巩固已掌握的实践知识，同时也方便指导教师对学生进行工程训练考核。

本书适用于普通高等学校工程训练课程教学，还可以作为学生认识实习、生产实习等实践训练的补充教材。

图书在版编目（CIP）数据

工程训练实训报告/张玉华，杨树财主编 . —3 版 —北京：机械工业出版社，2024.6（2025.4 重印）

普通高等教育工程训练系列教材

ISBN 978-7-111-75310-0

Ⅰ.①工… Ⅱ.①张…②杨… Ⅲ.①机械制造工艺-高等学校-教学参考资料 Ⅳ.①TH16

中国国家版本馆 CIP 数据核字（2024）第 052544 号

机械工业出版社（北京市百万庄大街 22 号 邮政编码 100037）
策划编辑：丁昕祯 责任编辑：丁昕祯
责任校对：龚思文 牟丽英 封面设计：张 静
责任印制：张 博
北京建宏印刷有限公司印刷
2025 年 4 月第 3 版第 2 次印刷
184mm×260mm · 4 印张 · 95 千字
标准书号：ISBN 978-7-111-75310-0
定价：19.80 元

电话服务 网络服务
客服电话：010-88361066 机 工 官 网：www.cmpbook.com
010-88379833 机 工 官 博：weibo. com/cmp1952
010-68326294 金 书 网：www.golden-book.com
封底无防伪标均为盗版 机工教育服务网：www.cmpedu.com

工程实践是理工科学生全面素质、能力和创新思维提升的有效途径，而工程训练是大学生在校学习期间进行的第一次系统、典型的工程实践。工程训练课程不仅为大学生学习相关专业技术基础课和专业课打下基础，也使大学生具备一定的技术素养和能力，并初步建立工业生产的概念。

长期教学实践经验表明，工程训练实训报告能够有效发挥复习、巩固和提高工程训练学习内容的作用。对教学科研型高校而言，这种作用更为突出，更为重要。

本实训报告是结合哈尔滨理工大学《工程训练教学大纲》内容编写而成的，作业内容贴近教学和生产实际，重视基础、强化实践、扩大知识面，从感性到理性、理论联系实际，突出能力培养。通过11章的实训报告熟悉或掌握基础制造过程，获得初步的操作技能，巩固所学知识，同时，通过综合试卷方便指导教师对学生进行工程训练考核。

本书由哈尔滨理工大学工程训练中心组织编写，张玉华、杨树财任主编。其中，第1章由徐雯雯编写，第2章由吴桐编写，第3章由石春源编写，第4章由纪珊编写，第5章由孙汝苇编写，第6章由刘一鸣编写，第7章由王贯编写，第8章由郭静兰编写，第9章由于志祥编写，第10章由孙彦新编写，第11章由石春源、罗淑芹编写，综合试卷（一）、综合试卷（二）由张玉华、杨树财编写。

编写过程中，各位指导教师和出版社工作人员均付出了艰辛的劳动，提出了许多宝贵意见。在此，谨向他们表示衷心的感谢！限于编者水平有限，时间仓促，书中难免有欠妥之处，恳请读者批评指正！

编者

目 录

第一章

车削加工实训报告

一、判断题

1. 车削较长或工序较多的轴类零件时，常使用顶尖来安装工件。 （　　）
2. 零件的表面粗糙度值越大，其表面越粗糙。 （　　）
3. 车床主轴的转速就是车削时的切削速度。 （　　）
4. 端面一般作为轴、套、盘类零件的轴向基准，在实际加工中一般先车出。 （　　）
5. 车削外圆时，带动溜板箱作直线运动的是丝杠。 （　　）
6. 滚花后工件的直径大于滚花前的直径。 （　　）
7. 车削零件外圆时，应使用大滑板控制背吃刀量，通过中滑板作纵向进给。 （　　）
8. 机床型号由汉语拼音字母和阿拉伯数字组合而成，对于 CA6136 车床，36 为主参数，表示该车床可加工工件的最大回转直径为 36mm。 （　　）
9. 车内圆时，因刀杆细长、散热条件差且排屑困难，容易产生让刀和振动现象，因此选择的切削用量要比车外圆时小。 （　　）
10. 车削加工中，对刀是使车刀刀尖轻触工件的待加工表面，以此分度值作为背吃刀量的起点。 （　　）

二、单项选择题

1. 车削加工的主运动是（　　）。
   A. 工件回转运动　　　　　　　　B. 刀具横向进给运动
   C. 刀具纵向进给运动　　　　　　D. 刀具曲线进给运动
2. 车床主轴转速加快时，刀具的进给量（　　）。
   A. 变大　　　　　　　　　　　　B. 变小
   C. 不变　　　　　　　　　　　　D. 不确定
3. 一般情况下，精加工时为了保证加工精度，一般会选择较高的（　　）。
   A. 切削速度　　　　　　　　　　B. 进给量
   C. 背吃刀量　　　　　　　　　　D. 切削深度
4. 转动（　　）手柄可以使车床获得不同的转速。
   A. 交换齿轮箱　　　　　　　　　B. 主轴箱
   C. 进给箱　　　　　　　　　　　D. 溜板箱
5. 车削加工时，如需改变主轴转速应（　　）。
   A. 先减速，再变速　　　　　　　B. 先停车，再变速

C. 先变速，在停车
D. 工件旋转时可直接变速

6. 普通车床加工零件能达到的经济精度等级为（　　　）

    A. IT2～IT5
    B. IT5～IT6

    C. IT7～IT9
    D. IT10～IT12

7. 用车床钻孔时，不易出现（　　　）现象

    A. 孔轴线偏斜
    B. 孔径变小

    C. 孔径变大
    D. 以上均不易出现

8. 车削端面时，若端面中心处留有凸台，是因为（　　　）。

    A. 车刀刀尖高于回转中心
    B. 车刀刀尖等于回转中心

    C. 车刀刀尖低于回转中心
    D. 车刀刀尖可能高于也可能低于回转中心

9. 下列量具中，（　　　）可以测量孔的深度。

    A. 外径千分尺
    B. 内径百分表

    C. 游标卡尺
    D. 游标万能角度尺

10. 切断时，为了减小振动，下列方法正确的是（　　　）。

    A. 增加刀头宽度
    B. 减小进给量

    C. 提高主轴转速
    D. 增大背吃刀量

三、填空题

1. 车削加工是指在车床上，工件_____，车刀在平面内作_____或_____运动的切削。

2. 安装车刀时，车刀刀尖应与工件中心线_____，可以用_____作为基准来确定刀尖的高度。

3. 若采用小滑板转位法车削锥角为 60° 的圆锥表面，那么小滑板应转动_____。

4. 切削用量包括_____、_____和_____，不同的加工方法、加工工艺应选取不同的切削用量。

5. 影响刀尖强度和切屑流出方向的刀具角度是_____。

6. 车床开动时不能_____、_____、_____和_____。

7. 车床上常用的装夹方法有_____、_____、_____和_____。

8. 车削加工中常用的量具有_____、_____和_____。

四、简答题

1. 卧式车床有哪些主要组成部分，各部分有什么作用，请简要填写至下面的表格中。

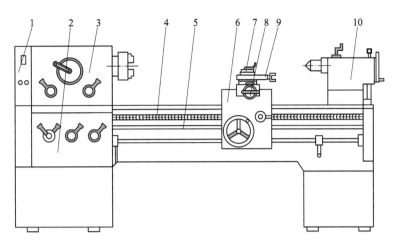

序号	名称	作　　用
1		
2		
3		
4		
5		
6		
7		
8		
9		
10		

2. 简述卧式车床采用的传动形式。

3. 如下图所示，在车床上加工一直径为 $\phi35mm$ 的轴，选用直径为 $\phi40mm$ 的圆棒料，要求一次进给完成。假设切削速度选用 $v_c = 110m/min$，请计算主轴转速 n 和背吃刀量 a_p。

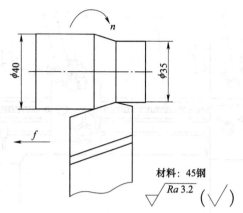

材料：45钢

$\sqrt{Ra\,3.2}$ （ $\checkmark$ ）

4. 根据题图总结正反车法车削螺纹的步骤，填写在相应图的下方，体会车螺纹的操作过程。

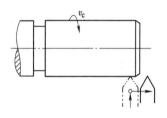

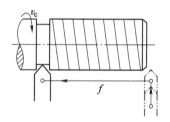

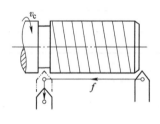

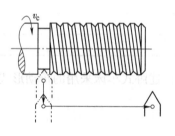

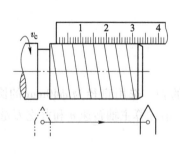

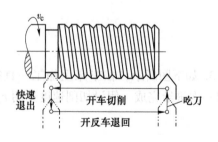

快速退出　开车切削　吃刀

开反车退回

五、综合训练题

编写下图所示零件的车削加工工艺。

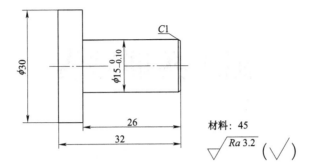

材料：45

$$\sqrt{Ra\,3.2} \quad (\sqrt{\quad})$$

第二章

钳工实训报告

一、判断题

1. 锉刀表面被铁屑堵塞时应及时用手除去，以防止锉刀打滑。 （ ）
2. 一般手用铰刀的刀齿是沿圆周等齿距分布的。 （ ）
3. 用手动丝锥攻内螺纹时，需始终加压旋转。 （ ）
4. 划线基准是在工件上划线时选用的，用于确定工件上各部分尺寸、几何形状和相对位置的点、线、面。 （ ）
5. 交叉锉的切削效率高，常用于精加工。 （ ）
6. 锉削外圆弧表面时，使用平锉顺着圆弧方向锉削，锉刀作前进运动的同时，还应绕工件的圆弧中心摆动。 （ ）
7. 游标高度卡尺可测量零件的高度和精密划线。 （ ）
8. 研磨是在精加工的基础上利用研具和研磨剂从工件表面磨去一层极薄金属的一种精密加工方法。 （ ）
9. 划线时，为了使划出的线条清晰，划针应在工件上反复多次划线。 （ ）
10. 钻床除可以钻孔，还可以进行扩孔、锪孔和铰孔等操作。 （ ）
11. 锯削铜、铝等较软金属时，应选取细齿锯条。 （ ）
12. 装配机器零部件时，拧紧成组螺钉是按对角线的顺序进行的。 （ ）
13. 刮削具有切削量大、切削力大、产生热量大、装夹变形大等特点。 （ ）
14. 钻孔时，加切削液的主要目的是润滑、冷却和辅助排屑等。 （ ）
15. 推锉法一般用于粗加工工件表面。 （ ）

二、单项选择题

1. 分度值为 0.02mm 的游标卡尺的读数为 30.52mm 时，游标上第（ ）格与尺身刻度线对齐。
   A. 52   B. 30   C. 26
2. 光滑连接实质上就是圆弧与直线或圆弧与圆弧相切，其切点即为连接点。为保证光滑连接，必须准确找出连接圆弧的（ ）和切点。
   A. 圆心   B. 切点   C. 交点
3. 划线常用的涂料有白灰水、硫酸铜和（ ）。
   A. 蓝墨水   B. 酒精色溶液   C. 蓝油

4. 操作钻床时不能戴（　　　）。

    A. 帽子　　　　　　　　B. 眼镜　　　　　　　　C. 手套

5. 台虎钳夹紧工件时，只允许（　　　）手柄。

    A. 用锤子敲击　　　　　B. 用手扳　　　　　　　C. 用套管扳

6. 一般划线精度能达到（　　　）。

    A. 0. 025～0. 05mm　　　B. 0. 25～0. 5mm　　　　C. 2. 5～5mm

7. 锯削时，一般手锯的往复长度不小于锯条长度的（　　　）。

    A. 1/3　　　　　　　　　B. 2/3　　　　　　　　　C. 1/2

8. 孔径较大时，应取（　　　）的切削速度。

    A. 较大　　　　　　　　B. 较小　　　　　　　　C. 任意

9. 钻头直径大于12mm时，柄部一般做成（　　　）。

    A. 柱柄　　　　　　　　B. 锥柄　　　　　　　　C. 方柄

10. 精锉时，需采用（　　　）方式使锉痕变直且纹理一致。

    A. 交叉锉　　　　　　　B. 推锉　　　　　　　　C. 顺向锉

三、填空题

1. 使用手锯时，工件要＿＿＿＿＿＿＿＿＿，用力要＿＿＿＿＿＿＿＿＿。

2. 锉削应用范围广泛，可以锉削＿＿＿＿＿＿＿＿＿、＿＿＿＿＿＿＿＿＿、＿＿＿＿＿＿＿＿＿、＿＿＿＿＿＿＿＿＿和各种形状复杂的表面。

3. 在加工过程中，钳工"三按"是指＿＿＿＿＿＿＿＿＿、＿＿＿＿＿＿＿＿＿和＿＿＿＿＿＿＿＿＿。

4. 钻孔时，主运动是＿＿＿＿＿＿＿＿＿，进给运动是＿＿＿＿＿＿＿＿＿。

5. 划线的常用工具有＿＿＿＿＿＿＿＿＿、＿＿＿＿＿＿＿＿＿和＿＿＿＿＿＿＿＿＿等。

6. 台虎钳用于＿＿＿＿＿＿＿＿＿，是钳工日常工作中＿＿＿＿＿＿＿＿＿的设备。

7. 手锯是钳工进行＿＿＿＿＿＿＿＿＿的工具，它由＿＿＿＿＿＿＿＿＿和＿＿＿＿＿＿＿＿＿组成。

8. 钻孔前应先用＿＿＿＿＿＿＿＿＿以免钻头＿＿＿＿＿＿＿＿＿。

9. 按照规定的技术要求将零件或部件进行＿＿＿＿＿＿＿＿＿，使之成为＿＿＿＿＿＿＿＿＿的工艺过程称为装配。

10. 常见外圆弧面的锉削方法有＿＿＿＿＿＿＿＿＿和＿＿＿＿＿＿＿＿＿。

四、简答题

1. 什么是钳工？钳工的基本操作方法有哪些？

2. 简述安装锯条的注意事项。

3. 试述台虎钳的工作原理。

4. 试述在 100mm×100mm×20mm 的工件上钻削 ϕ10mm 通孔的操作步骤。

五、综合训练题

划线基准有哪些常见类型？如何选择下图轴承座的划线基准？

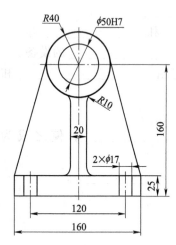

第三章

铣削与磨削实训报告

一、判断题

1. X6132 型卧式万能铣床的工作台面宽度为 320mm。 （　　）

2. 非铁金属精铣时，如果铣削速度大，背吃刀量小，表面粗糙度值 Ra 可达 0.4μm。 （　　）

3. 铣削运动中，铣刀旋转为主运动，零件在水平和垂直方向的运动为进给运动。 （　　）

4. 出于安全考虑，铣床加工不能变换主轴转速。 （　　）

5. 常见带柄铣刀有面铣刀、立铣刀、键槽铣刀、燕尾槽铣刀和圆柱铣刀。 （　　）

6. 外圆磨床可用于进行外表面为圆锥形、圆柱形零件的磨削加工。 （　　）

7. 磨削硬度较低、塑性较好的有色金属时，砂轮易堵塞而失去切削能力。 （　　）

8. 平面磨床常用于磨削由钢、铸铁等导磁材料制造的零件。 （　　）

9. 分度头的种类很多，有简单分度头、万能分度头、光学分度头、自动分度头等，其中应用最广的是万能分度头。 （　　）

10. 铣削加工中，毛坯件装夹时应在机用平口钳的钳口与毛坯表面之间垫铜皮，以防损伤钳口。 （　　）

二、单项选择题

1. （　　）是铣床附件。
   A. 分度头　　　　　　B. 跟刀架　　　　　　C. 自定心卡盘

2. 下列机床型号中，（　　）是铣床。
   A. CA6136　　　　　　B. M7120　　　　　　C. X5030

3. 铣削键槽可以使用（　　）。
   A. 角度铣刀　　　　　B. 三面刃铣刀　　　　C. 圆柱铣刀

4. 磨削较硬的金属材料时，宜选择（　　）砂轮。
   A. 硬砂轮　　　　　　B. 软砂轮　　　　　　C. 两者均可

5. 具有良好的冷却性能，但防锈功能较差的切削液是（　　）。
   A. 水溶液　　　　　　B. 乳化液　　　　　　C. 切削油

6. 磨削主要用于零件的（　　）。
   A. 粗加工　　　　　　B. 半精加工　　　　　C. 精加工

7. 平面磨床电源接通后，启动（　　）开关，进行零件装夹。

    A. 磁力   B. 冷却液   C. 液压

8. 砂轮磨料的粒度号越大，表示磨料颗粒（　　）。

    A. 越大   B. 越小   C. 适中

9. 组成砂轮工作层的三要素是（　　）。

    A. 磨料、结合剂、气孔

    B. 沙粒、结合剂、粒度

    C. 磨料、气孔、粒度

三、填空题

1. T 形槽的铣削可分为四步、即 _____、_____、_____ 和 _____。

2. 根据安装方法不同，铣刀分为 _____ 铣刀和 _____ 铣刀两大类。

3. 长刀杆装夹带孔铣刀时，应尽可能使铣刀靠近 _____，并使吊架尽量靠近铣刀，以确保足够的刚性，避免刀杆弯曲而影响加工精度。

4. 顺铣时，铣刀和工件接触部分的旋转方向与工件进给方向 _____；逆铣时，铣刀和工件接触部分的旋转方向与工件进给方向 _____。

5. 在立式铣床上，用立铣刀铣圆弧槽时，常采用的机床附件是 _____。

6. 铣削是广泛应用的一种切削加工方法，在铣床上可以加工 _____、_____、_____、_____ 和 _____ 等。

7. 铣削用量由 _____、_____、_____ 和 _____ 组成。

8. 铣削属于断续切削，铣刀齿不断切入、切出，切削力在不断 _____，容易产生 _____。

9. 铣床的主要附件有 _____、_____、_____ 和 _____ 等。

10. 普通砂轮所用的磨料可分为 _____、_____ 和 _____ 三类。其中刚玉类常用磨料有 _____ 和 _____ 等。

11. 外圆磨削的方法有 _____、_____ 和 _____ 三种。

12. 外圆磨床由 _____、_____、_____、_____ 和 _____ 五个部分组成。

13. 常见磨床的种类有外圆磨床、_____、_____、_____ 等。

四、简答题

1. 铣床铣斜面的方法有哪些？容易产生哪些问题？操作时该如何避免？

2. 结合图片说明什么是顺铣？什么是逆铣？它们各有什么特点？

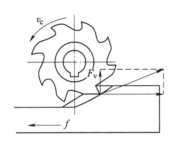 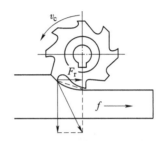

3. 简述铣削燕尾槽的加工步骤。

4. 铣床上有哪些常用附件？简述它们的功能。

5. 什么是磨料？什么是粒度？

6. 切削液的作用有哪些？

第四章

焊接实训报告

一、判断题

1. 型号为 AX-320 的弧焊机为交流弧焊机。 （　　）
2. 型号为 ZXI-300 的弧焊机为直流弧焊机。 （　　）
3. 焊条接直流弧焊机的阴极，工件接直流弧焊机的阳极称为正接。 （　　）
4. 焊条电弧焊弧焊机的空载电压一般为 220V 或 380V。 （　　）
5. 焊条 E4303 熔渣的脱渣性比焊条 E5015 差。 （　　）
6. 焊条直径增大时，相应的焊接电流也应增大。 （　　）
7. 焊接母材厚度 2mm、尺寸相同的低碳钢焊件，采用 CO_2 气体保护焊焊接比气焊的变形小。 （　　）
8. 气焊用的氧气瓶，在储存时严禁粘上油脂。 （　　）
9. 熔渣的熔点比被焊金属的熔点低。 （　　）
10. 焊前预热的主要目的是减少淬硬倾向。 （　　）
11. 熔深大是熔化极氩弧焊的优点之一。 （　　）
12. 整体高温回火能很好地消除焊接过程中的残余应力。 （　　）
13. 有些氧化性气体具有较强的氧化性，不适合作为气体保护焊保护气体。 （　　）
14. 工业纯铝是指不含杂质的纯铝，所以焊接性特别好。 （　　）
15. 二氧化碳气体保护焊适合用于全位置焊接。 （　　）
16. 开坡口的作用之一是为了保证焊透。 （　　）

二、单项选择题

1. 与交流弧焊机相比，直流弧焊机的特点是 （　　）。
   A. 结构简单，电弧稳定性好　　　　　　　B. 结构简单，电弧稳定性差
   C. 结构复杂，电弧稳定性好　　　　　　　D. 结构复杂，电弧稳定性差
2. CO_2 气体具有氧化性，可以抑制（　　）气孔的产生。
   A. N　　　　　　　B. CO　　　　　　　C. H　　　　　　　D. O
3. 焊条电弧焊时，焊接区内氮的主要来源是 （　　）。
   A. 药皮　　　　　　B. 母材　　　　　　C. 焊接区周围的空气
4. （　　）不锈钢不会产生淬硬倾向。
   A. 奥氏体　　　　　B. 铁素体　　　　　C. 马氏体

5. 酸性焊条主要采用的脱氧剂是（　　　　）。

    A. 锰铁   B. 钛铁   C. 碳

6. （　　　　）用于不受压焊缝的密封性检查。

    A. 水压试验   B. 煤油试验   C. 气密性试验   D. 气压试验

7. 下列选项中，不属于常用焊缝金属或接头的力学性能试验方法是（　　　　）。

    A. 弯曲试验   B. 拉伸试验   C. 冲击实验   D. 疲劳试验

8．（　　　　）的焊缝易形成热裂纹。

    A. 窄而浅   B. 窄而深   C. 宽而浅   D. 宽而深

9. 焊条电弧焊焊接时使焊条药皮发红的热量来源于（　　　　）。

    A. 电阻热   B. 电弧热   C. 化学热

10. 熔化极氩弧焊时，喷嘴直径一般为（　　　　）。

    A. 10mm   B. 20mm   C. 30mm

11. 当含碳量（　　　　）时，钢材焊接性优良。

    A. $C_E<4\%$ B. $C_E<6\%$ C. $C_E<8\%$

12. 由于酸性焊条的熔渣（　　　　），所以不能在药皮中加入大量的铁合金，使焊缝金属合金化。

    A. 还原性强   B. 氧化性强   C. 脱硫磷效果差

13. 药皮的主要作用是（　　　　）。

    A. 保护熔池，填充焊缝   B. 传导电流，提高稳弧性

    C. 保护熔池，提高稳弧性   D. 填充焊缝，提高稳弧性

14. 等离子弧切割要求具有_____外特性的_____电源。（　　　　）

    A. 陡降 直流   B. 陡降 交流   C. 上升 直流   D. 上升 交流

15. 气焊高碳钢时应采用（　　　　）火焰进行焊接。

    A. 氧化焰   B. 中性焰   C. 碳化焰

16. 电弧焊过程中，熔化母材的热量主要是（　　　　）。

    A. 电阻热   B. 物理热   C. 化学热   D. 电弧热

三、填空题

1. 焊条电弧焊所用电焊机的空载电压是_____，工作电压是_____。

2. 焊条由_____和_____组成。

3. 氧乙炔火焰分为_____、_____和_____。

4. 焊接时按焊缝空间位置不同，可分为_____、_____、_____和_____四个焊接位置。

5. 常见的焊接缺陷有_____、_____、_____、_____和_____等。

四、简答题

1. 简述焊接技术主要应用的行业。

2. 简述焊接接头的基本形式。

3. 简述金属材料满足气割的条件。

4. 简述焊接电流对焊缝质量的影响。

5. 根据焊条电弧焊工作系统填写下图。

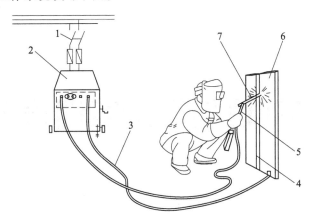

1—_____   2—_____   3—_____
4—_____   5—_____   6—_____
7—_____

6. 比较下列焊接方法的应用条件。

焊接方法	应 用 条 件 和 用 途
焊条电弧焊	
气焊	
CO_2气体保护焊	
氩弧焊	

第五章

热处理与铸造实训报告

一、判断题

1. 钢的表面淬火和表面化学热处理，其本质上都是为了改变表面的成分和组织，从而提高其表面性能。 （   ）

2. 制造切削刀具时，常采用的热处理工艺是淬火后低温回火。 （   ）

3. 淬火后钢处于硬脆状态。 （   ）

4. 正火冷却速度比退火冷却速度快，因此正火后钢的强度和硬度比退火后高。 （   ）

5. 碳钢的性能主要取决于碳的质量分数。碳的质量分数变大，碳钢的强度、硬度、塑性、韧性及焊接性均有所提升。 （   ）

6. T10表示平均碳质量分数为0.1%的碳素结构钢。 （   ）

7. 淬火保温是使工件内部温度均匀趋于一致，保温时间长短完全取决于工件尺寸的大小。 （   ）

8. 浇注时，芯砂受到高温金属液的包围和冲刷，因此要求芯砂比型砂具有更好的综合性能（如强度、透气性、耐火性和退让性等）。 （   ）

9. 在上砂型扎通气孔可以提高砂型的透气性，扎通气孔时必须扎到与型腔相通。 （   ）

10. 型芯的主要作用是形成铸件的内部型腔或局部复杂外形。 （   ）

11. 冲天炉熔炼铸铁时，熔剂的加入可以稀释熔渣，便于熔渣清除。 （   ）

12. 型芯的芯头是用于定位和支撑型芯的，与铸件形状无直接关系。 （   ）

13. 横浇道除向内浇道分配金属液外，还起挡渣的作用。 （   ）

14. 机器造型是采用模板进行两箱造型的，只能有一个分型面。 （   ）

15. 冒口是为了避免铸件出现缺陷而附加在铸件上方或侧面的补充部分，其主要作用是排气。 （   ）

二、单项选择题

1. 一般正火在（   ）中冷却，退火在（   ）中冷却，淬火在（   ）中冷却。

    A. 水或油   B. 空气   C. 炉

2. 45钢中碳的质量分数平均为（   ）。

    A. 45%   B. 4.5%   C. 0.45%

3. HRC 符号代表金属材料（　　）指标。

    A. 布氏硬度　　　　　　　　B. 洛氏硬度　　　　　　　　C. 抗拉强度

4. 将共析钢缓慢加热到800℃，此时，共析钢组织为（　　）。

    A. 铁素体　　　　　　　　　B. 渗碳体　　　　　　　　　C. 奥氏体

5. 制造锉刀、刮刀等硬度较高、耐磨性好、韧性较低的工具可以采用（　　）材料。

    A. 45 钢　　　　　　　　　 B. T12　　　　　　　　　　 C. W18Cr4V

6. （　　）不属于金属材料的物理性能。

    A. 导电性　　　　　　　　　B. 热膨胀性　　　　　　　　C. 抗氧化性

7. 砂型铸造中，铸件的型腔是用（　　）复制出来的。

    A. 零件　　　　　　　　　　B. 铸件　　　　　　　　　　C. 模样

8. 在砂型中砂芯主要靠（　　）进行固定和支撑。

    A. 芯头　　　　　　　　　　B. 芯骨　　　　　　　　　　C. 胶粘

9. 铸件壁太薄，浇注时金属液温度低，铸件易产生（　　）缺陷。

    A. 裂纹　　　　　　　　　　B. 缩松　　　　　　　　　　C. 浇不足

10. 制好的砂型，通常要在型腔表面涂上一层涂料，其目的是（　　）。

    A. 防止粘砂　　　　　　　 B. 增加退让性　　　　　　　C. 防止气孔

11. 上下两面都需要加工的铸件，制作模样时，上下两面加工余量应该是（　　）。

    A. 上面<下面　　　　　　　B. 上面＝下面　　　　　　　C. 上面>下面

12. 模样与铸件尺寸的主要差别是（　　）；零件与铸件尺寸的主要差别是（　　）。

    A. 加工余量　　　　　　　 B. 收缩余量　　　　　　　　C. A+B

13. 冲天炉熔炼时的炉料有（　　）。

    A. 金属炉料、燃料　　　　 B. 金属炉料、熔剂　　　　　C. 金属炉料、燃料、熔剂

14. 冲天炉前炉的主要作用是（　　）。

    A. 出渣　　　　　　　　　 B. 储存并净化铁液　　　　　C. 集尘排尘

15. 合型时，砂芯放置的位置不对或砂芯没有固定好，铸件易产生（　　）缺陷。

    A. 偏芯　　　　　　　　　 B. 砂眼　　　　　　　　　　C. 错箱

三、填空题

1. 工程材料可分为金属材料、_____、_____和_____，其中金属材料可分为_____和_____。

2. 金属材料的力学性能是指金属在外力作用下所表现出来的特性，常用的指标有_____、_____、_____和_____等。

3. 金属材料的主要性能是指使用性能和工艺性能。使用性能包括_____、_____和_____，工艺性能主要有_____、_____、_____和_____等性能。

4. 热处理设备分为主要设备和辅助设备两大类，主要设备包括_____、加热装置、_____、测试和控制仪表等，辅助设备包括_____、校正设备和消防安全设备等。

5. 钢的热处理工艺过程通常由_____、_____和_____三个阶段组成。

6. 钢的表面热处理包括_____和_____。

7. 根据生产方法不同，铸造主要分为_____和_____，常见的特种铸造方法有_____铸造、_____铸造、_____铸造和金属型铸造等。

8. 整模造型是指_____是一体的，且都在一个砂箱里，分型面多为_____造型的方法。

9. 为了易于取出模样，制作模样时，凡垂直于分型面的表面都需要做出_____斜度。

10. 手工造型若舂砂太松、铁液浇注温度过高、型砂耐火性差，则铸件上容易产生_____缺陷。

四、简答题

1. 什么是热处理？钢的热处理的主要目的是什么？

2. 什么是退火？退火和正火有何区别？

3. Q235、T12A 中的字母和数字各表示什么？

4. 填写手工砂型铸造工艺流程图。

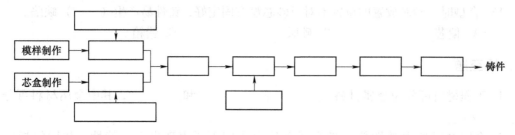

5. 简述型砂应具备的主要性能。

6. 铸件与零件在形状和尺寸上有何区别？

五、综合训练题

1. 工件淬火后为什么要及时回火？回火温度如何选择？

2. 试述常用的手工造型方法及其适用范围。

第六章

数控车削实训报告

一、判断题

1. 两轴两联动数控车床加工时，刀具在 XY 平面内运动。 （　　）
2. 工件在数控机床上的定位、夹紧原理与普通机床相同。 （　　）
3. 绝对编程和增量编程不能在同一程序中混合使用。 （　　）
4. 数控车床编程代码中，G01 与 G02 均属于模态代码。 （　　）
5. 判断数控车床坐标轴方向时，规定刀具远离工件方向为负。 （　　）
6. G01 代码的移动速度值取决于数控程序。 （　　）
7. 数控编程中，G90 表示相对坐标编程。 （　　）
8. 数控车床车削加工的主运动是工件的旋转运动。 （　　）
9. 因数控车床加工精度高，加工工件时无需区分粗、精加工。 （　　）
10. 数控车床的机床坐标原点与机床参考点是重合的。 （　　）

二、单项选择题

1. （　　）不适合选择数控车床加工。

    A. 盘套类零件 　　　　　　　　　　　B. 带特殊螺纹的回转体零件

    C. 精度要求高的回转体零件 　　　　　D. 箱体类零件

2. （　　）用于指定数控车床刀具的更换。

    A. T 代码 　　　　　　　　　　　　　B. G 代码

    C. M 代码 　　　　　　　　　　　　　D. F 代码

3. 与普通车削相比，（　　）不是数控车削的主要特点。

    A. 适应性差，生产效率低

    B. 自动化程度高，易于实现个性化加工要求

    C. 加工精度高，质量稳定

    D. 适于复杂异型零件的加工

4. 程序编制中，首件试切的作用是（　　）。

    A. 检验程序单的正确性

    B. 检验零件工艺方案的正确性

    C. 检验程序单的正确性并综合检验所加工零件是否符合图样要求

    D. 检验零件图设计的正确性

5. 数控车床开机后，通过（　　）操作确定刀架在机床坐标系中的位置。

    A. 回编程原点　　　　　　　　　　　　　　B. 回机床原点

    C. 回参考点　　　　　　　　　　　　　　　D. 回换刀点

6. （　　）不属于数控车床的主轴功能。

    A. 转速倍率调整功能　　　　　　　　　　　B. 插补功能

    C. 恒线速度功能　　　　　　　　　　　　　D. 恒转速功能

7. 判断 CJK6032-4 数控车床圆弧插补方向时，所依据的观察方向为（　　）。

    A. $+Z$ 方向　　　　　　　　　　　　　　　B. $+X$ 方向

    C. $-X$ 方向　　　　　　　　　　　　　　　D. $+Y$ 方向

8. 数控车床在运行程序自动加工时，可随时修调部分参数。但下列参数中，（　　）不可修调。

    A. 主轴转速　　　　　　　　　　　　　　　B. 快移速度

    C. 进给速度　　　　　　　　　　　　　　　D. 子程序调用次数

9. 在数控车床的坐标系中，规定与车床主轴轴线平行的方向为（　　）。

    A. A 轴　　　　　　　　　　　　　　　　B. X 轴

    C. Z 轴　　　　　　　　　　　　　　　　D. Y 轴

10. G00 指令的移动速度值由（　　）指定。

    A. 随意设定　　　　　　　　　　　　　　　B. F 代码

    C. 数控系统参数预设值　　　　　　　　　　D. S 代码

三、填空题

1. CJK6032-4 数控车床的工件坐标系原点一般设置在工件轴线与工件＿＿＿＿＿＿＿＿＿＿＿＿＿（左端面/右端面/外圆面）的交点处。

2. G91 与 G90 均属于＿＿＿＿＿＿（模态/非模态）代码。

3. 在机床坐标系下，刀具当前的位置坐标为（30，-15），运行程序段"G91 G01 X10 Z-5 F60"后，刀具的位置坐标变为＿＿＿＿＿＿＿＿。

4. 在 CJK6032-4 数控车床的工件坐标系下，运行程序段"G91 G03 Z-12 R12 F100"后，车刀移动轨迹的周长为＿＿＿＿＿＿，该轨迹对应的圆心角为＿＿＿＿＿＿＿＿。

5. MDI 的含义是＿＿＿＿＿＿＿＿＿＿＿＿＿＿＿＿＿＿＿＿＿＿。

6. CJK6032-4 数控车床在运行 M03 指令时，迎 Z 轴正方向观察自定心卡盘，其旋转方向为＿＿＿＿＿＿（顺/逆）时针。

7. 使用 G71 指令车削外圆面时，循环起点的 X 坐标应＿＿＿＿＿＿（≤或≥）毛坯直径。

8. 调用子程序的程序段格式为：＿＿＿＿＿＿＿＿＿＿＿＿＿＿＿＿＿＿＿＿，子程序结束符为＿＿＿＿＿＿＿＿＿＿＿＿＿＿＿＿＿＿；螺纹车削循环指令的程序段格式为：＿＿＿＿＿＿＿＿＿＿＿＿＿＿＿＿＿＿＿，其中，F 代码表示＿＿＿＿＿＿＿＿＿＿＿＿＿，C 代码表示＿＿＿＿＿＿＿＿＿＿＿＿。

9. 主程序调用的子程序可以再调用另一个子程序，称为子程序的＿＿＿＿＿＿＿＿＿＿＿＿＿＿＿＿。

10. 在机床坐标系下，设刀具初始位置点为 A 点，运行程序段"G91 G01 X18 Z-12 F50"

后到达 *B* 点，则刀具自 *A* 点移动至 *B* 点所需的时间为_____。

11. 在刀尖圆弧半径补偿指令中，G42 表示_____；G40 表示_____。

12. 数控车削的主运动是_____，进给运动是_____。

13. G 代码表示_____功能，M 代码表示_____功能，S 代码表示_____功能，T 代码表示_____功能，F 代码表示_____功能。

14. 数控车床加工指令中，圆弧插补指令 G02 为_____圆弧插补指令，面向操作者，车刀从右向左，走出_____圆弧。

15. 数控车床加工指令中，圆弧插补指令 G03 为_____圆弧插补指令，面向操作者，车刀从右向左，走出_____圆弧。

四、简答题

1. 简述数控车床的主要结构组成。

2. 简述在华中世纪星数控系统中，如何使数控车床退出超程报警状态。

五、综合训练题

1. 编写图 1 所示零件的精车加工程序并将零件切断。已知：工件坐标系设置如图 1 所示，切断刀刀宽 3mm，以左刀尖为刀位点编程。毛坯为 $\phi40\times200$ 铝合金棒料。

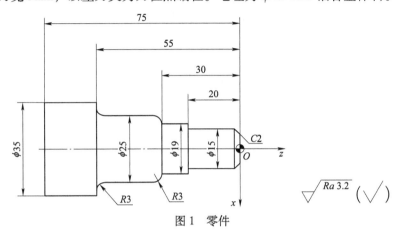

图 1 零件

2. 对 $\phi36\times90$ 的铝合金棒料进行预钻孔加工，加工后如图 2 所示。以此为毛坯，编写图 3 所示零件的数控车削加工程序。要求：采用 G71 指令编程，并将零件切断，切断刀刀宽 3mm，以右刀尖为刀位点进行编程，工件坐标系设置如图 3 所示。

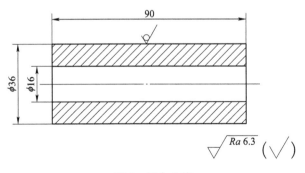

图 2 铝合金棒

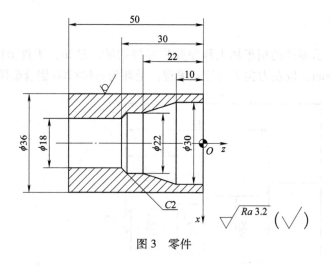

图 3 零件

3. 采用 G71 指令与子程序编写如图 4 所示零件的数控加工程序。已知：工件坐标系设置如图 4 所示，切断刀刀宽 3mm，以左刀尖为刀位点编程，毛坯为 φ36×80 铝合金棒料。

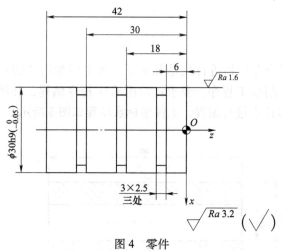

图 4 零件

4. 采用 FANUC Series 18i-T 数控系统车削加工图 5 所示零件，试将加工程序补充完整。已知：毛坯为 $\phi30 \times 80$ 铝合金棒料，粗加工切削深度 1.5mm，退刀量 1mm，精加工余量 0.5mm。

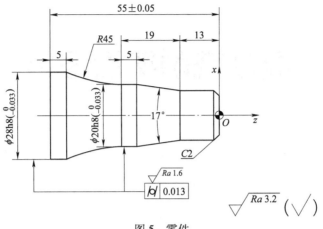

图 5　零件

O1234	Z-13
T0101	X20 Z-27
M03 S500	W-5
G00 X100 Z100	＿＿＿＿＿＿
G00 ＿＿＿＿	N2 G01 W-5
＿＿＿＿＿＿	G70 ＿＿＿＿
＿＿＿＿＿＿	G00 X100 Z100
N1 ＿＿＿＿	M05
G01 X15. 82 Z-2	M30

第七章

数控铣削实训报告

一、判断题

1. 数控程序中，准备功能是使机床或控制系统建立某种加工方式的指令，一般又称为G指令或G代码。　　　　　　　　　　　　　　　　　　　　　　　（　　）

2. G代码可分为模态代码与非模态代码。　　　　　　　　　　　　　　（　　）

3. G00应在非切削期间使用，其执行速率由F代码指定。　　　　　　　（　　）

4. 在华中HNC-21M数控系统中进行中心钻钻孔多使用G83指令。　　　（　　）

5. 切削加工过程中，主运动是速度最快、消耗机床功率最大的运动。　（　　）

6. 数控铣削加工的主运动是铣刀绕自身轴线的旋转运动。　　　　　　（　　）

7. 数控加工程序中，坐标值的指定方式包括绝对编程、相对编程与混合编程。（　　）

8. ZJK7532A-4数控铣钻床机床坐标系的各轴方位遵循右手笛卡儿直角坐标系。（　　）

9. ZJK7532A-4数控铣钻床机床坐标系的Z轴与机床主轴轴线方位一致，以主轴靠近工作台的方向为正方向。　　　　　　　　　　　　　　　　　　　（　　）

10. 华中HNC-21M数控系统中，程序文件名以%开头。　　　　　　　（　　）

11. 完整的数控铣削加工程序由程序文件名、程序段与程序结束符组成。（　　）

12. 采用G92建立工件坐标系时，该指令一般位于程序第一段，且不会引起机床动作。　　　　　　　　　　　　　　　　　　　　　　　　　　　　（　　）

13. 辅助功能由程序字M与其后的两位数字组成，一般又称M代码。　（　　）

14. 辅助功能M08用于开启数控机床切削液。　　　　　　　　　　　　（　　）

15. 华中HNC-21M数控系统中，G68是旋转变换指令。　　　　　　　（　　）

16. 对刀的目的是将工件坐标系与机床坐标系相关联。　　　　　　　（　　）

17. 通常，数控铣床上的机床参考点与机床原点重合。　　　　　　　（　　）

18. 切削加工中切削液的作用主要包括：冷却、润滑、排屑、清洗和防锈等。　　　　　　　　　　　　　　　　　　　　　　　　　　　　　　　（　　）

19. 立铣刀一般具有三个或三个以上的刀齿，侧刃加工时，工作效率高，切削较为平稳。　　　　　　　　　　　　　　　　　　　　　　　　　　　（　　）

20. 键槽铣刀的底刃延伸至刀具端面的回转中心，可进行轴向进给加工。　　　　　　　　　　　　　　　　　　　　　　　　　　　　　　　　（　　）

二、单项选择题

1. （　　）用于指定数控铣削加工期间铣刀的转速。

  A. G 代码   B. M 代码   C. F 代码   D. S 代码

2.（ ）用于控制数控铣床主轴旋转运动的启停。

  A. G 代码   B. M 代码   C. F 代码   D. S 代码

3.（ ）用于指定程序段号。

  A. N 代码   B. M 代码   C. G 代码   D. S 代码

4.（ ）用于建立工件坐标系。

  A. M30   B. G90   C. G91   D. G92

5. 控制铣刀从机床原点快速移动至编程原点上方时应选择（ ）。

  A. G01   B. G02   C. G00   D. G03

6. 下列代码中，属于模态后作用代码的是（ ）。

  A. M00   B. M03   C. M08   D. M09

7. 下列材料中，（ ）不属于制造铣刀的常用材料。

  A. 灰铸铁   B. 高速工具钢   C. 碳化钨   D. 氮化硅

8. 数控铣床执行"回参考点"操作的目的是（ ）。

  A. 建立工件坐标系   B. 建立机床坐标系

  C. 新建数控程序   D. 进行程序校验

9. 数控铣床手摇脉冲发生器增量倍率旋钮的"×1、×10、×100"档位，数值的单位是（ ）。

  A. nm   B. μm   C. mm   D. cm

10. 数控机床上电后，加工程序中进给功能"F500"中数值 500 的默认单位是（ ）。

  A. mm/s   B. mm/min   C. cm/s   D. cm/min

11. 程序段"G91 G02 X_ Y_ R_"中，X、Y 后的数值表示（ ）。

  A. 圆弧起点坐标值   B. 圆弧终点坐标值

  C. 圆弧起点相对终点的坐标值 D. 圆弧终点相对起点的坐标值

12. 程序段"G02 I_ J_"中，I、J 后的数值表示（ ）。

  A. 圆弧起点坐标值   B. 圆弧终点坐标值

  C. 圆心相对于铣削终点的坐标增量 D. 圆心相对于铣削起点的坐标增量

13. 已知当前铣刀刀位点的位置坐标为（-20，30，10），运行程序段"G91 G00 X30 Y30"后刀具刀位点的位置坐标将变为   （ ）

  A. （50，60，40）   B. （-20，60，10）

  C. （10，60，10）   D. （10，30，10）

14. 在编程坐标系的 XY 平面内，已知铣刀刀位点当前坐标为（-6，0），执行程序段"G03 X0 Y-6 I6 F80"后，铣刀相对工件所移动轨迹的圆心角为（ ）。

  A. $3\pi/2$ B. 2π C. $\pi/2$ D. π

15. 在编程坐标系的 XY 平面内，已知铣刀刀位点当前坐标为（0，10），执行程序段"G02 X-10 Y0 R-10 F80"后，铣刀相对工件所移动轨迹的圆心角为（ ）。

  A. $3\pi/2$ B. 2π C. $\pi/2$ D. π

16. 使用 VDL-1000E 数控铣床自动运行加工程序时，状态旋钮应置于（ ）位置。

  A. EDIT   B. AUTO   C. HANDLE   D. JOG

17. FANUC 系统中，准备功能 G81 表示（　　）循环。

    A. 取消固定　　　　　　B. 钻孔　　　　　　　C. 镗孔　　　　　　　D. 攻螺纹

18. 欲在一块截面尺寸 20mm×20mm 的立方体毛坯上表面中心 O 处建立工件坐标系，已知铣刀当前位置如图 1 所示，建立工件坐标系的程序段应为（　　）。

    A. G92 X-10 Y10 Z0

    B. G92 X10 Y10 Z0

    C. G92 X-10 Y-10 Z0

    D. G92 X10 Y-10 Z0

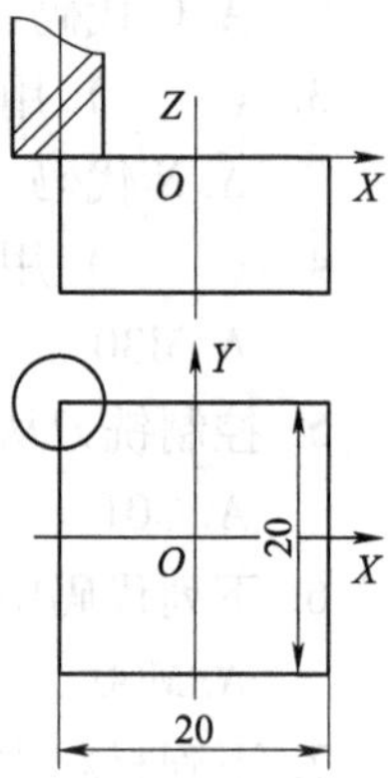

19. 数控铣削加工程序中，刀具补偿包括刀具长度补偿与（　　）。

    A. 刀具直径补偿

    B. 刀具半径补偿

    C. 刀具软件补偿

    D. 刀具硬件补偿

图 1

20. 在主程序中调用一次子程序%1000，正确的程序段格式为（　　）。

    A. M98 O1000　　　　B. M99 O1000　　　　C. M98 P1000　　　　D. M99 P1000

三、填空题

1. 华中 HNC-818B 数控铣削系统中，直线插补指令为＿＿＿＿＿＿，建立镜像指令为＿＿＿＿＿＿，比例缩放指令为＿＿＿＿＿＿。

2. 解除数控机床急停状态时，应＿＿＿＿＿＿旋转急停按钮。

3. 运行加工程序时，应按下机床控制面板中的＿＿＿＿＿＿键，暂停加工程序的运行时，应按下机床控制面板中的＿＿＿＿＿＿键。

4. 驱动数控铣床主轴以 800r/min 正转的程序段是＿＿＿＿＿＿。

5. 当 ZJK7532A-4 数控钻铣床的某一伺服轴超程时，HNC-21M 数控面板中的＿＿＿＿＿＿键指示灯亮起，系统进入"急停"状态。

6. 华中 HNC-21M 数控系统中，在＿＿＿＿＿＿运行模式下，数控机床可对存储器中的数控程序进行校验模拟。

7. 在编程坐标系的 XY 平面内，驱动铣刀快速移动至点（1，3）的程序段是＿＿＿＿＿＿。

8. 在程序段"G92 X0 Y0 Z10"中，坐标点（0，0，10）是＿＿＿＿＿＿点。

9. 程序段"G91 G02 X10 Y-10 R10"中，驱动铣刀相对工件所移动轨迹的圆心角为＿＿＿＿＿＿r。

10. 立式数控铣床主轴正转时，迎机床坐标系 Z 轴正向观察，主轴的旋转方向为＿＿＿＿＿＿。

11. 工件坐标系中，已知铣刀刀位点位于点 A（-1，-5，-6），在 G90 模式下，经程序段"G02 X5 Y1 J6 F100"驱动后，刀具刀位点相对工件移动的轨迹周长为＿＿＿＿＿＿，该轨迹的圆心坐标为＿＿＿＿＿＿。

12. 工件坐标系中，已知铣刀刀位点位于点 A（30，40，12）；经程序段"G90 G01 X18

Y56 Z-3 F150"驱动后到达 B 点，则铣刀从 A 点移动至 B 点所需时间为_____s。

13. 根据主轴轴线空间方位不同，数控铣床可分为_____数控铣床、_____数控铣床与_____数控铣床。

14. 数控铣床精加工复杂曲面时，一般选用_____铣刀。

15. 铣削加工时所选用的切削用量称为铣削用量，包括铣削深度、_____、_____与进给量。

四、简答题

1. 简述数控铣削加工的应用范围。

2. 简述华中 HNC-818B 数控铣削系统中加工程序的一般结构，并对每个组成部分的格式或内容进行简要说明。

3. 在工件坐标系 XY 平面内铣削圆弧，已知：起点坐标（30，0），终点坐标（-30，0），半径 R 为 50mm，采用顺圆插补，进给速度 100mm/min，试写出铣削圆弧的程序段。

五、综合训练题

1. 对于 FANUC Series 0i-MD 操作系统，简述自动加工过程中，如下两种操作所实现的功能。

① 将进给修调旋钮由"50%"位置旋转至"100%"位置。

② 当前状态为"F0"键指示灯亮，此时按下"100%"键。

2. 采用三轴立式数控铣床进行铣削加工，立方体工件装夹于平口钳内，加工时定位基准分别为定钳口接触面、工件上表面与工件左侧面。现采用 φ8 立铣刀（刀柄直径 φ10）进行试切对刀，对刀过程中所测得的三个坐标值分别为：X-100、Y-200 与 Z-300，试计算工件坐标系原点坐标（写出推算过程）。

3. 如图 2 所示，加工期间，铣刀刀位点在编程坐标系 XY 平面内的移动轨迹为黑色粗实线，图中圆弧半径均为 10mm 且所有圆均与坐标轴相切。试将下列数控铣削加工程序补充完整。

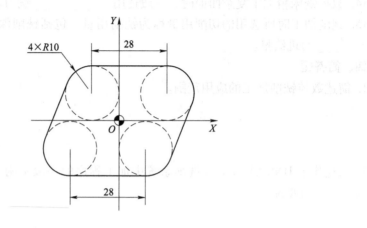

图 2

%0001
G54 G64
G00 G90 X-27. 28 Y-6. 29
S1000 M03
G43 Z20 H02
Z3
G01 Z-0. 5 F240
X ＿＿ Y ＿＿ F400
G02 X-10 Y20 I ＿＿ J ＿＿

G01 X18
G02 X ＿＿ Y ＿＿ I0 J-120
G01 X19. 28 Y-13. 71
G02 X10 Y-20 I-9. 28 J3. 71
G01 X-18 Y-20
G02 X-27. 28 Y-6. 29 I0 J10
G00 Z20
M05
M30

4. 精铣加工图 3 所示零件的型腔侧壁，工件坐标系设置如图 3 所示；加工开始前，铣刀刀位点位于工件坐标系原点 O 处，试根据指定的铣刀规格编写精加工程序。

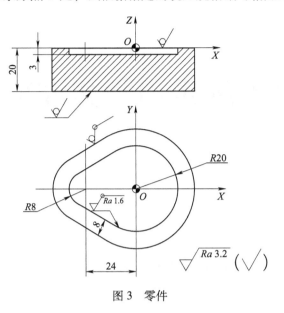

图 3　零件

第 八 章

电火花线切割实训报告

一、判断题

1. 根据电极丝的运行方向和速度，电火花线切割机床通常分为高速往复走丝电火花线切割机床和低速单向走丝电火花线切割机床。（　　）

2. 电火花线切割机床的床身是机床的固定基础和支撑，一般采用箱体式结构、使用锻件以保证足够的强度和刚度。（　　）

3. 硬质合金、铸铁、人造金刚石等材料均可以使用电火花线切割机床进行加工。（　　）

4. 电火花线切割机床加工过程中，工件和电极丝之间通过直接接触进行加工的。（　　）

5. 特种加工又称非传统加工，泛指用电能、热能、光能、电化学能、化学能、声能及特殊机械能等能量达到去除或增加材料的加工方法。（　　）

6. 电火花线切割技术主要工艺指标包括加工速度、加工精度和表面粗糙度。（　　）

7. 高速往复走丝电火花线切割机床一般使用钨丝、钼丝或钨钼合金丝作为电极丝。（　　）

8. 低速单向走丝电火花线切割机床加工零件时，电极丝工作状态为往复运行。（　　）

9. 高速往复走丝电火花线切割机床的工作台采用反应式步进电动机或混合式步进电动机作为驱动元件，电动机通过齿轮箱减速驱动丝杠，从而带动工作台运动。（　　）

10. 黄铜是纯铜与锌的合金，最常见的配比是质量分数为55%的纯铜和质量分数为45%的锌。（　　）

二、单项选择题

1. 高速往复走丝电火花线切割机床加工时使用的工作液一般为（　　）。
   A. 水　　　　　　　B. 机械油　　　　　　C. 煤油　　　　　　D. 乳化液等专用切削液

2. 高速往复走丝电火花线切割机床加工时，电极丝（　　）。
   A. 静止　　　　　　　　　　　　B. 沿一个方向高速移动
   C. 作正、反向交替的高速运动　　D. 作正、反向交替的间歇运动

3. 电火花线切割机床加工的缺点是不能加工（　　）类零件。
   A. 不通孔　　　B. 通孔　　　C. 锥度　　　D. 上下异形

4. 电火花线切割机床加工中，切割速度的单位为（　　），是指单位时间内，电极丝扫过的工件表面面积。

A. m²/min   B. mm²/min   C. cm²/min   D. dm²/min

5. 电火花线切割机床加工定位的目的是保证切割型腔与工件外形或型腔与型腔之间的位置关系，并确定（   ）。

A. 加工终点   B. 加工起点   C. 加工方向   D. 加工路径

三、多项选择题

1. 高速往复走丝电火花线切割机床一般使用钼丝作为工具电极，是因为（   ）。

A. 钼材料熔点较高   B. 钼材料导电性好
C. 钼材料价格适中   D. 钼材料韧性好

2. 电火花线切割机床加工时，工作液应具备的性能包括（   ）。

A. 较好的冷却性   B. 一定的绝缘性
C. 良好的湿润性和洗涤性   D. 良好的防锈性和环保性

3. 电火花线切割机床解决了很多传统加工难以解决的问题，尤其是在（   ）的加工过程中更具优势。

A. 窄缝产品   B. 小半径产品
C. 带锥度切割   D. 高硬度金属

4. 电火花线切割机床一般是采用压板与螺钉来固定工件，工件装夹可以采用（   ）等方式。

A. 悬臂式支撑装夹   B. 垂直刃口支撑装夹
C. 桥式支撑装夹   D. 自定心卡盘装夹

5. 电火花线切割加工的工艺路线可分为（   ）几个步骤。

A. 工件图样审核及分析   B. 工作准备
C. 加工参数设定   D. 程序编制及控制系统制作

四、填空题

1. 电火花线切割机床主要由_____、_____、_____、_____和_____等部分组成。

2. 在 CTW250 自动编程系统中，生成加工程序的基本步骤为：进入"线切割"菜单下的"线切割"选项，选择_____，选择_____，选取起割点和切入点，确定_____，双击鼠标右键，进行"P 处理"，选择_____，最后确定加工文件的文件名，保存后生成加工程序。

3. 电火花线切割机床加工过程中，走丝机构的作用主要是控制电极丝_____和_____。

4. 电火花线切割机床在加工时，为获得较好的表面质量和较高的尺寸精度，并保证电极丝不被烧断，应合理选择脉冲参数，使工件与钼丝之间的放电方式为_____放电，而不_____放电。

5. 电火花线切割机床加工的工件材料，应具有_____的物理性能。

6. 电火花线切割机床上，工件与电极丝之间所使用的电源是_____。

7. 电火花线切割机床加工后的工件表面是由_____组成，这与机械加工后的表面完全不同。

8. "中走丝机床"指的是具有_____功能的高性能往复走丝电火花线切割机床，它仍属于高速往复走丝电火花线切割机床的范畴。

9. 电火花线切割加工中，常用的钼丝直径为_____，黄铜丝直径为_____。

10. 使用电火花线切割机床加工凹形类封闭零件时，线切割加工前必须加工_____ _____，以保证零件的完整性。

五、简答题

1. 简述"单一串接"的概念。

2. 简述电火花线切割加工的特点。

3. 简述特种加工的含义。

4. 简述电火花线切割机床加工的基本原理。

5. 简述电火花线切割机床在生产中的应用。

六、综合题

用 DM—CUT 机床自带的自动编程软件 TurboCAD 编制如图 1 所示零件的加工程序。

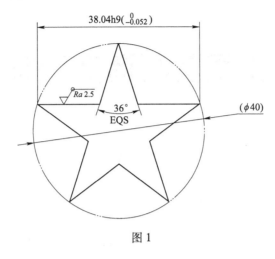

图 1

第九章

快速原型制造实训报告

一、判断题

1. 快速原型制造技术是机械工程、CAD、CAM、激光技术、精密伺服驱动技术、材料技术、计算机数字控制（CNC）等多学科的综合渗透与交叉的先进制造技术，能自动、快速、直接、精确地将设计思想转化为具有一定功能的原型，或者直接制造零件。　　（　）

2. 选择性激光烧结（SLS）成型技术又称为选区激光烧结或粉末烧结技术。该技术使用的加工材料为粉末状材料，可以加工石蜡、尼龙、塑料、陶瓷、树脂砂以及低熔点的金属粉末等多种材料。设备加工时，为保证设备内工作室温度相对稳定，不能打开排风扇，以免工作室热量快速散失。　　（　）

3. SLS激光快速成型设备一般有激光功率、扫描速度、扫描方式、烧结温度、烧结间距、铺粉延时、扫描延时和单层层厚等多个工艺参数，加工材料不同，设置的工艺参数也不同。设备加工过程中，不能改变已经设置好的工艺参数。　　（　）

4. 自由成形是快速成型技术的特点之一。自由成形的含义有两个：①不受时间的限制；②不受零件形状复杂程度的限制，能够制作任意形状与结构的原型或零件。　　（　）

5. 光固化（SLA）成型技术是最早发展起来的快速成型技术，也是最成熟的快速成型工艺。这种制造技术使用的材料是光敏树脂，光敏树脂在常温状态下是液态。　　（　）

6. 快速成型又称为快速原型制造、快速成形、3D打印、增材制造等，激光是快速成型设备加工的唯一能源。　　（　）

7. 选择性激光熔融（SLM）成型技术可以直接成形金属零件，其成型过程与SLS基本相同，不同点主要在于使用的金属粉末和高功率激光器不同，激光能量将金属粉末完全熔化成金属液体，激光束离开后，金属凝固成型。与SLS相比，SLM成型件性能好、成本高。
　　（　）

8. 分层实体制造（LOM）成型技术又称为薄形材料选择性切割成型技术，LOM技术常用材料一般是纸、塑料薄膜、金属箔等薄片材料，该技术的主要缺点是后处理费时费力，且不适宜制造中空结构件。　　（　）

9. Projet 3510 SD多喷头喷射固化成型设备，借助多喷头打印（MJP）技术，打印机使用紫外光固化Visijet M3系列树脂材料，可以加工高精度、高清晰度的模型和原型。借助于Visijet S300蜡制支撑材料，能轻松地进行毫无危险的后处理工作，同时保持零部件的精细特性。　　（　）

10. 材料是快速成型技术的核心，一种新材料的出现往往会促进快速成型工艺及其设备结构、成型件品质和成型效益不断提高。　　（　）

二、单项选择题

1. SLA 成型技术是在特定波长紫外光的照射下，光敏树脂产生（　　）反应，完成固态化转变。

　　A. 分解　　　　　　　B. 聚合　　　　　　　C. 扩散　　　　　　　D. 反射

2. 在下列快速成型工艺中，材料利用率最高的是（　　）。

　　A. SLA　　　　　　　B. SLS　　　　　　　C. FDM　　　　　　　D. LOM

3. 剥离是将快速成型过程中产生的废料、支撑结构与成型件分离。目前，剥离成型件的支撑方法有三种，分别是手工去除、化学去除和加热去除。Projet 3510 SD 多喷头喷射固化成型设备加工的成型件，常采用（　　）剥离支撑。

　　A. 手工去除　　　　B. 化学去除　　　　C. 加热去除　　　　D. 不去除

4. 一般情况下，SLA 成型工艺固化后的原型，树脂并未完全固化，所以需进行（　　）固化。

　　A. 一次　　　　　　B. 二次　　　　　　C. 三次　　　　　　D. 四次

5. 使用聚苯乙烯粉末为材料加工的成型件，成型件强度较差、有较多蜂窝状的气孔、表面较粗糙，经常需渗蜡处理，以提高成型件的表面质量和强度。渗蜡温度一般为（　　）℃左右。

　　A. 30　　　　　　　B. 40　　　　　　　C. 70　　　　　　　D. 80

6. 快速成型技术的加工方式属于（　　）技术范畴。

　　A. 减材制造　　　　B. 增材制造　　　　C. 受阻制造　　　　D. 自然成长

7. SLS 技术对应的主要材料领域是（　　）。

　　A 高分子材料　　　B. 金属材料　　　　C. 树脂材料　　　　D. 薄片材料

8. 红外测温仪是选择性激光烧结（SLS）设备的主要测量工具之一，不能用红外测温仪测量（　　）温度。

　　A. 正在加热的加热管　　　　　　　　　B. 正在加工的成形件
　　C. 正在加热的蜡液　　　　　　　　　　D. 眼睛

9. 一般而言，无论采用哪种快速成型工艺，由于不易控制成型件 Z 轴方向的翘曲变形，所以成型件 X-Y 方向的尺寸精度比 Z 方向更易保证，应该将精度要求较高的轮廓，尽可能放置在（　　）平面。

　　A. X-Y　　　　　　B. X-Z　　　　　　C. Y-Z　　　　　　D. 任意

10. FDM 设备使用的丝材直径一般为（　　）mm。

　　A. 1　　　　　　　B. 1.75　　　　　　C. 3　　　　　　　D. 4

三、填空题

1. ＿＿＿＿＿＿＿＿格式是一种普遍适用于现阶段快速成型设备的文件格式，该文件由多个三角形面片的定义组成，每个三角形面片的定义包括三角形各个顶点的三维＿＿＿＿＿＿＿＿及三角形面片的法矢量。

2. 熔融沉积（FDM）成型技术可打印的材料有很多种，如多种复合型工程塑料、高韧性尼龙塑料等，而采用 FDM 技术的桌面级 3D 打印机，常用的工程塑料是＿＿＿＿＿＿＿＿和

_____两种。

3. 原型零件的快速成型过程一般概括为前处理、原型制作和_____三个阶段。模型的成型方向选择是前处理阶段的重要环节之一，它主要考虑对成型件的_____和制作_____的影响。

4. 快速成型技术的基本原理是"_____、逐层叠加"。其基本原理决定了其在加工成型件某些表面时，会出现加工阶梯，将其称之为_____效应，由此造成的加工误差是不可避免的_____误差。

5. 型号为 HRPS-ⅢA 的 SLS 设备性能参数中，激光最大扫描速度是_____mm/s，单层厚度是_____~_____mm。

6. 型号为 HK S500 的 SLS 设备性能参数中，激光最大扫描速度是_____mm/s，单层厚度是_____~_____mm。

7. SLS 工艺后处理阶段回收的粉末材料，用筛粉机或人工进行_____，过滤掉较大的颗粒后，将粉末倒回料箱，与新粉末混合后，循环使用。

8. 制造模具是快速成型技术的主要应用之一，用这种制造技术可以快速制作_____铸造用模、_____铸造用模、实型铸造用模和低熔点金属离心铸造用模。

9. 快速成型技术在医疗领域的应用主要在于医疗_____和外科_____策划，它能有效地提高诊断和手术水平、缩短时间、节省费用。

四、简答题

1. 简述选择性激光烧结（SLS）成型技术的工作原理。

2. 简要绘制原型零件快速成型的工艺流程图。

3. 简述快速成型技术的应用领域。

4. 简述熔融沉积（FDM）快速成型技术的工作原理。

5. 简述影响快速成型产品精度的因素。

第十章

电机电工工艺实训报告

一、判断题

1. 电机总体可分为静止电机（变压器）和旋转电机。　　　　　　　　　（　　）
2. 三相异步电动机是直流电动机的一种。　　　　　　　　　　　　　　（　　）
3. 交流电机是实现机械能与交流电能之间相互转换的一种装置，按其功能可分为交流发电机和交流电动机两大类。　　　　　　　　　　　　　　　　　　（　　）
4. 在没有三相电源的场合及一些功率较小的场所一般广泛使用单相异步电动机。
　　　　　　　　　　　　　　　　　　　　　　　　　　　　　　　　（　　）
5. 根据转子结构的不同三相异步电动机又分为笼型和绕线型两大类，其中绕线型电动机应用最广。　　　　　　　　　　　　　　　　　　　　　　　　　　（　　）
6. 三相感应电机主要由定子、转子及定转子之间的气隙组成。此外还有端盖、机座、轴承等部件。　　　　　　　　　　　　　　　　　　　　　　　　　　　（　　）
7. 电动机的静止部分称定子，主要包括定子铁心、定子绕组及机座等部件。　（　　）
8. 定子铁心是电机磁路的一部分，并在其上放置绕组。　　　　　　　　　（　　）
9. 定子绕组是电动机的电路部分，通入三相交流电，产生旋转磁场。　　（　　）
10. 笼型转子通常有两种结构形式，中小型异步电动机的笼型转子一般为铸铝式转子，另一种结构为铜条转子。　　　　　　　　　　　　　　　　　　　　　（　　）

二、单项选择题

1. 在异步电动机各种部件中，最易受到损坏的是（　　　　）
　　A. 转子　　　　　　　B. 定子铁心　　　　　C. 转子绕组　　　　　D. 轴承
2. 在电机安装中，轴与轴承之间的配合采用（　　　　）
　　A. 过渡配合　　　　　B. 过盈配合　　　　　C. 间隙配合　　　　　D. 机械配合
3. 异步电动机转子转速（　　　　）定子磁场的转速。
　　A. 等于　　　　　　　B. 低于　　　　　　　C. 高于　　　　　　　D. 有时高于，有时低于
4. 测量各相绕组之间以及各相绕组对机壳之间的绝缘电阻，是最简单且无破坏作用的绝缘测试项目，通常使用的仪器是（　　　　）
　　A. 手摇式兆欧表　　　B. 电流表　　　　　　C. 电压表　　　　　　D. 双臂电桥
5. 三相异步电动机 $Z_1 = 36$（Z_1 为总槽数），$m = 3$（m 为相数），$2P$（$2P$ 为极数，P 为极对数）$= 4$，每极每相槽数为（　　　　）
　　A. 2 槽　　　　　　　B. 3 槽　　　　　　　C. 4 槽　　　　　　　D. 5 槽

三、填空题

1. 三相异步电动机的旋转方向取决于定子旋转磁场的旋转方向，且两者的转向＿＿＿＿＿，只要＿＿＿＿＿＿，就能使三相异步电动机反转。

2. 常用的单层绕组有＿＿＿＿＿、＿＿＿＿＿和＿＿＿＿＿。

3. 电动机定子绕组重绕的步骤包括：记录原始数据、修整定子铁心、＿＿＿＿＿和准备槽楔、＿＿＿＿＿、＿＿＿＿＿与接线、＿＿＿＿＿与＿＿＿＿＿、电动机装配与试验。

4. Y-100L2-4 表示三相异步电动机，中心高为＿＿＿＿＿，＿＿＿＿＿铁心，＿＿＿＿＿极。

5. 三相异步电动机定子绕组，线电压等于相电压时，采用＿＿＿＿＿接法，线电压是相电压$\sqrt{3}$倍时，采用＿＿＿＿＿接法。

四、解答题

1. 简述三相异步电动机的优点。

2. 简述电动机在生活中的应用。

3. 求 Y-90L-4 型三相异步电动机的同步转速，已知加在电动机上的交流电源频率 $f_1 = 50\text{Hz}$。

4. 简述三相异步电动机定子绕组的主要绝缘项目。

5. 画出四极 36 槽三相电动机的单层交叉式展开图。

第十一章

智能控制实训报告

一、判断题

1. 智能制造可以实现产品全制造流程和全生命周期管理，使其更加网络化、社会化、服务化和智能化。 （ ）

2. 机械臂是一种通过程序移动并操控机械手进行抓放操作的装置。 （ ）

3. 一般桌面级机械臂在开启前，大臂和小臂夹角应调整为45°左右。 （ ）

4. Dobot Magician 机械臂的最大伸展距离为300mm。 （ ）

5. Dobot Studio 的写字画画功能，要求素材须放置于主界面的环形区域内。 （ ）

6. 按照不同结构分类，无人直升机是三大平台中不能悬停的一类无人机。 （ ）

7. 多旋翼无人机的优点是机动、灵活，无需跑道便可以垂直起降，可以精准悬停，可对某个目标进行精细观察。 （ ）

8. BB 响低电压报警器的主要作用是提示操作者无人机电池电量较低，需要充电。 （ ）

9. F450 无人机相邻位置螺旋桨的旋转方向均不相同。 （ ）

10. 蜂鸣器会根据飞控的输出发出不同的提示音，提示操作者无人机当前的状态。 （ ）

二、单项选择题

1. 桌面级机械臂正常工作时，指示灯是什么状态？（ ）
   A. 绿色灯闪烁　　　　　　　　B. 蓝色灯闪烁
   C. 绿色灯常亮　　　　　　　　D. 蓝色灯常亮

2. 下列哪项动作可以使 Dobot Magician 机械臂执行回零操作？（ ）
   A. 按 Reset 键　　　　　　　　B. 长按 Reset 键 2s 以上
   C. 按 Key 键　　　　　　　　　D. 长按 Key 键 2s 以上

3. Dobot Magician 机械臂的小臂旋转范围为 （ ）。
   A. 0~90°　　　　B. 0~100°　　　　C. 0~110°　　　　D. 0~120°

4. Dobot Magician 机械臂的大臂旋转范围为 （ ）。
   A. 0~65°　　　　B. 0~75°　　　　C. 0~85°　　　　D. 0~95°

5. Dobot Magician 机械臂进行写字画画时，笔尖位置确定后，单击下列哪个按键，软件即可获取并保存当前的 Z 值。（ ）
   A. 保存　　　　　B. 设置　　　　　C. AutoZ　　　　　D. 位置同步

6. Dobot Magician 机械臂进行写字画画时，单击下列哪个按键，机械臂会自动移动到写字起点正上方。（　　）

    A. 保存　　　　　　　B. 设置　　　　　　　C. AutoZ　　　　　　　D. 位置同步

7. 按照不同结构分类，F450 无人机属于哪一类平台的无人机？（　　）

    A. 无人直升机　　　　B. 多旋翼无人机　　　　C. 固定翼无人机

8. （　　）是无人机的大脑，也是无人机的核心模块。

    A. 无刷电动机　　　　B. GP　　　　　　　　C. 飞控　　　　　　　D. 遥控器

9. F450 无人机配备的（　　），可有效防止因电动机意外启动对操作者造成不必要的伤害。

    A. 安全开关　　　　　B. 蜂鸣器　　　　　　C. 电流计　　　　　　D. 电压回传模块

10. 以电动机为主的无人机动力系统不包含以下哪项？（　　）

    A. 电池　　　　　　　B. 接收机　　　　　　C. 无刷电动机　　　　D. 电调

三、填空题

1. Dobot Magician 机械臂是一个高精度桌面智能机械臂，由底座、_____、_____、_____和_____等部分组成。

2. 机械臂的_____模式是直接操纵各个关节来控制机械臂的运动模式。

3. Dobot Magician 机械臂的笛卡儿坐标系原点为_____、_____和_____三个电动机三轴的交点。

4. Dobot Magician 机械臂小臂区域的接口可为机械臂末端所安装的工具_____或_____。

5. Dobot Magician 机械臂写字画画时需使用系统自带或自行制作的图形文件，仅支持_____和_____格式。

6. 无人机是_____的简称，英文缩写为____。

7. 无人机是利用_____和_____的不载人飞机。

8. 按照不同结构分类，无人机可分为_____、_____和_____三大平台。

9. F450 无人机的机架包括_____、_____和_____三个部分。

10. _____可以使无人机实现定点悬停，并在失去遥控器信号时实现自动返回。

四、简答题

1. 简述 Dobot Magician 机械臂可实现的功能。

2. 简述 Dobot Magician 机械臂的两种坐标系。

3. 简要说明 Dobot Magician 机械臂点到点运动模式。

4. 简述 Dobot Magician 机械臂写字画画的操作步骤。

5. 简述多旋翼无人机的优缺点。

6. 简述 F450 无人机的基本结构。

7. 简述 F450 无人机动力系统的工作原理。

8. 简述无人机的应用领域及其用途。

综合试卷（一）

说明：本试卷为综合试卷，请机械类专业完成。

题号	一	二	三	四	五	总分	评卷老师
得分							

一、判断题（每题1分，共20分）

1. 电火花线切割机床加工时，电极丝的中心轨迹与工件实际轮廓间的偏移量等于电极丝半径与放电间隙之和。（ ）

2. 热处理之所以能使钢的性能发生变化，主要是因为在加热和冷却过程中钢的内部组织发生了变化。（ ）

3. G71指令的参数中，X代表零件在精车加工中单侧的加工余量。（ ）

4. 根据转子结构的不同三相异步电动机又分为笼型和绕线型两大类，其中绕线型电动机应用最广。（ ）

5. 焊条电弧焊时，弧长变长，电弧电压增大。（ ）

6. 在直径相同的条件下，直浇道越短，金属液越容易充满型腔。（ ）

7. 切削过程中，待加工表面、过渡表面和已加工表面的面积和位置是不断变化的。（ ）

8. 车削铸铁、黄铜等脆性材料时易形成带状切屑。（ ）

9. 表面淬火可以提高工件表面的硬度与耐磨性，延长零件在复杂载荷下的使用寿命。（ ）

10. 三相感应电动机主要由定子、转子及定转子之间的气隙组成，此外还有端盖、机座、轴承等部件。（ ）

11. 气焊设备中减压器的作用是降低氧气瓶输出的氧气压力。（ ）

12. 具有多次切割功能是低速单向走丝电火花线切割机床加工质量提高的原因之一。（ ）

13. 使用华中 HRPS-ⅢA 型激光快速成型设备加工时，需要对模型拾取关键层，以便设置关键层相关参数，拾取模型关键层是模型处理环节的重要工作之一。（ ）

14. 数控车削程序段"G91 G00 X10 Z10"与"G00 U10 W10"的执行结果是相同的。（ ）

15. 车削螺纹时，工件每旋转一周，车刀移动距离（即进给量）为车床丝杠的螺距。（ ）

16. Dobot Magician 机械臂启用"手持示教"功能后，按住解锁按钮拖动机械臂到指定位置，松开按钮即可自动保存一个存点。（ ）

17. 在卧式铣床上安装万能铣头，可采用立铣刀铣斜面。（ ）

18. 淬火后的零件宜选择磨削加工。 （　　）

19. 平面锉削时，精加工一般采用交叉锉法。 （　　）

20. DobotStudio 的"示教 & 再现"模块提供的 PTP 运动模式为圆弧模式。 （　　）

二、单项选择题（每题1分，共20分）

1. 30 钢中碳的平均质量分数为（　　）。

　　A. 0.03%　　　　　　B. 0.3%　　　　　　C. 3%　　　　　　D. 30%

2. 下列工具（刀具）可以用来攻螺纹的是（　　）。

　　A. 丝锥　　　　　　B. 铰刀　　　　　　C. 板牙　　　　　　D. 麻花钻

3. 数控车床上电后，（　　）不是数控系统默认的。

　　A. 公制编程　　　　　　　　　　　　B. 直径编程

　　C. 进给速度单位 mm/min　　　　　　D. 主轴正转

4. 要测量尺寸为 $\phi60\pm0.015$ 的轴颈，应选用的通用量具是（　　）。

　　A. 游标卡尺　　　　B. 千分尺　　　　　C. 百分表　　　　　D. 钢直尺

5. 零件加工和装配时使用的基准叫做（　　）。

　　A. 设计基准　　　　B. 测量基准　　　　C. 定位基准　　　　D. 工艺基准

6. 硫是焊缝金属中有害的杂质之一，当硫以（　　）形式存在时，危害最大。

　　A. 原子　　　　　　B. FeS　　　　　　C. SO_2　　　　　D. MnS

7. 异步电动机各种部件中，最易损坏的是（　　）。

　　A. 转子　　　　　　B. 定子铁心　　　　C. 转子绕组　　　D. 轴承

8. 手工造型时，舂砂太紧、型砂太湿、起模或修型时刷水过多以及砂型未烘干，铸件易产生（　　）缺陷。

　　A. 气孔　　　　　　B. 砂眼　　　　　　C. 夹渣　　　　　　D. 冷隔

9. 根据加工技术要求，工件在安装定位时实际限制的自由度数少于六个，且不能满足加工要求，这种情况称为（　　）。

　　A. 欠定位　　　　　B. 过定位　　　　　C. 完全定位　　　D. 重复定位

10. 下列材料中，可应用于 LOM 分层实体制造工艺的是（　　）。

　　A. 薄纸片　　　　　B. 金属厚板　　　　C. 陶瓷粉　　　　　D. 液态树脂

11. 电火花线切割机床加工的工件材料，应具备的物理性能是（　　）。

　　A. 密度大　　　　　B. 热传导性　　　　C. 导电性　　　　　D. 熔点高

12. 平面锉削中，当锉削余量较大时，可在锉削前阶段使用（　　）。

　　A. 滚锉法　　　　　B. 交叉锉法　　　　C. 顺向锉法　　　D. 推锉法

13. 金属液填充浇注系统的顺序依次是（　　）。

　　A. 外浇口—直浇道—横浇道—内浇口

　　B. 直浇道—外浇口—横浇道—内浇口

　　C. 横浇道—外浇口—直浇道—内浇口

　　D. 外浇口—直浇道—内浇口—横浇道

14. 三相异步电动机 $Z_1 = 24$（Z_1 为总槽数），$m = 3$（m 为相数），$2P = 4$（$2P$ 为极数，P 为极对数），每极每相槽数为（   ）。

    A. 2 槽   B. 3 槽   C. 4 槽   D. 5 槽

15. 下列（   ）机床不属于特种加工机床。

    A. 电火花线切割机   B. 激光雕刻机

    C. 数控铣床   D. 电火花成型机

16. 以下不属于零件快速成型前处理阶段的是（   ）。

    A. 建立三维模型   B. 三维模型近似处理

    C. 原型制作   D. 选择成型方向和分层切片

17. CO_2 气体保护焊时，（   ）是短路过渡时的关键参数。

    A. 电弧电压   B. 焊接电流   C. 焊接速度   D. 电弧长度

18. Dobot Magician 机械臂处于限位状态时，指示灯是什么颜色？（   ）。

    A. 红色   B. 黄色   C. 蓝色   D. 绿色

19. 在普通铣床上铣削齿轮时，需使用的铣床附件是（   ）。

    A. 平口钳   B. 分度头   C. 回转工作台   D. 压板

20. DobotStudio "示教 & 再现" 模块的（   ）运动模式包含 cirPoint 和 toPoint 两种运动方式。

    A. PTP   B. CP   C. ARC   D. 点动

三、填空题（每空 1 分，共 35 分）

1. 选择成形方向是快速成型技术工艺流程的重要环节，选择成形方向主要考虑成形方向对成形件的_____和制作_____的影响。

2. 电火花线切割机床加工时，工件接电源_____极，电极丝接电源_____极。

3. 20 世纪 80 年代末发展起来的快速成型技术（RP）是 30 多年来制造领域的一次重大突破，对制造业产生了深远影响，是基于离散-堆积的原理实现原型制作，离散-堆积原理的实质是_____处理。

4. 以单轴控制模式操纵 Dobot Magician 机械臂时，各轴默认以_____方向为正方向。

5. 型砂是由_____、_____和_____按一定比例混合制成的。

6. 常用的单层绕组有_____、_____和_____。

7. 钢和铸铁的主要区别是含_____的质量分数不同，一般情况下，该元素在钢中所占的质量分数为_____，在铸铁中所占的质量分数为_____。

8. 数控车削加工时，在施加刀尖圆弧半径补偿的程序段中，车刀移动指令只能是_____或_____。

9. 如果线切割单边放电间隙为 0.01mm，电极丝直径为 0.2mm，则加工圆孔时的偏移量为_____mm。

10. 钳工钻孔前应先用_____以免钻头_____。

11. DobotStudio 的 "示教 & 再现" 功能主要有两种模式，一种是_____，另一种是_____。

12. 采用下图所示外圆车刀自右向左进给精车工件，若不施加刀尖圆弧半径补偿，车削

AB 段时将_____（过切/欠切/无偏差）；车削 *BC* 段时将_____（过切/欠切/无偏差）；车削 *DE* 段时将_____（过切/欠切/无偏差）。

13. 焊条电弧焊的焊接规范是指焊条直径、_____、_____和_____。

14. 在工件坐标系 *XY* 平面内，已知铣刀刀位点位于 *A*（-4，12），运行下列程序段后，铣刀依次到达 *B* 点、*C* 点并最终停留于 *C* 点。

N0010 G90 G01 X12 Y0 F120

N0020 G91 X8

则 ∠*ABC* 为 _____°；△*ABC* 的外接圆直径为_____；铣刀由 *B* 点移动至 *C* 点所需时间为_____s。

15. 设计和制造模样时，铸件上各表面的转折处在模样上都要做成过渡性_____，以利于造型，防止铸件因应力集中而产生_____。

16. 若采用小滑板转位法车削锥角 30°的锥体，那么小滑板应转动_____。

四、简答题（每题 5 分，共 15 分）

1. 标出浇注系统的各部分名称并填空。

（1）填写各部分组成

1—_____ 2—_____ 3—_____ 4—_____

（2）根据形状和容积大小不同，外浇口可分为_____形外浇口和_____形外浇口两种。

（3）增加直浇道的高度可以提高合金的_____。

（4）横浇道的主要作用是将金属液均匀、平稳地引入内浇道和_____。

（5）内浇道的主要作用是控制金属液流入型腔的 _____ 和 _____。

2. 根据下列加工示意图，填写加工操作的名称。

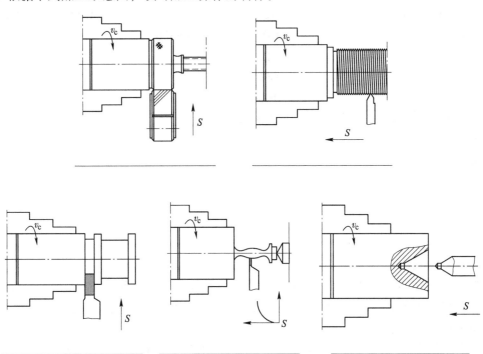

_____   _____

_____   _____   _____

3. 说明焊条牌号 J422 的含义。

五、综合训练题（每题 5 分，共 10 分）

1. 将图示零件的数控车削加工程序补充完整。已知：工件坐标系设置如图所示，切断刀刀宽 2mm，以左刀尖为刀位点编程；毛坯为 $\phi25 \times 200$ 铝合金棒料。

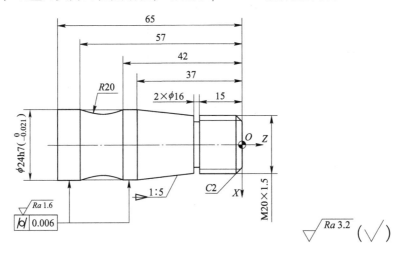

%1234

T0101

G00 X100 Z100

M03 S500

X25 Z2

G71 _____

N1 G42 G00 X _____

G01 X20 Z-2 F40 S600

Z _____

X24 Z-37

Z-42

_____

G01 Z-67. 5

N2 G40 X25

G00 X100 Z100

T0202

G00 Z _____

X23

G01 X ____ F20 S300

X23

G00 X100 Z100

T0303

G00 X24 Z _____

_____

_____

_____

X18. 04

G00 X100 Z100

T0202

G00 Z-67

X27

G01 X0 F20 S300

G00 X100 Z100

M05

M30

2. 采用 $\phi16$ 立铣刀铣削加工图示零件，试将数控铣削加工程序补充完整。已知：工件坐标系设置如图所示，加工开始前，铣刀刀位点位于工件坐标系原点 O 处；毛坯为 100mm×100mm×30mm 立方体铝合金。

刀补值设定参考：D01 = 15mm；D02 = 12mm；D03 = 8.5mm；D04 = 8mm。

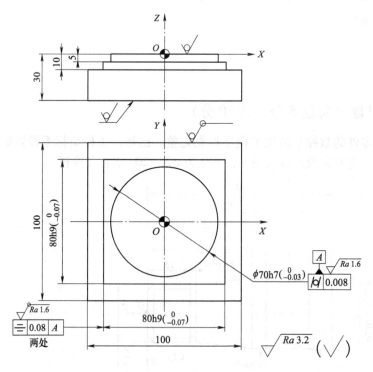

%1234

G92 X0 Y0 Z0

G00 Z20

M03 S1000 F300

X-60 Y-60

G41 _____ D02

M98 P1000

_____ D03

M98 P1000

G41 X-35 D01

M98 P2000

_____ D03

M98 P2000

G41 X-40 _____ S1200 F220

_____

G41 _____

M98 P2000

X0 Y0

M05

M30

%1000

G01 Z-10

Y40

X40

Y-40

X-60

G00 Z20

_____ Y-60

_____

%2000

G01 Z-5

_____

_____

G01 Y10

G00 Z20

_____ X-60 Y-60

_____

综合试卷（二）

说明：本试卷为综合试卷，请近机械类、非机械类专业作答。

题号	一	二	三	四	五	总分	评卷老师
得分							

一、判断题（每题 1 分，共 20 分）

1. G01 的执行速率，除 F 代码指定，也可通过数控机床控制面板进行调整。（　　）

2. 热处理之所以能使钢的性能发生变化，主要是因为钢在加热和冷却过程中内部组织发生了变化。（　　）

3. 熔融沉积（FDM）成型工艺中，当支撑材料和成型件是同一种材料时，只需一个打印喷头，即在成型过程中通过控制喷头的运行速度使支撑部分变得较为疏松，从而达到便于剥离和加快成型速度的目的。（　　）

4. 低速单向走丝电火花线切割机床通常是利用黄铜丝作为电极丝进行工件加工。（　　）

5. 砂型铸造中，模样的外部尺寸应大于铸件的外部尺寸。（　　）

6. 电机总体可分为静止电机（变压器）和旋转电机。（　　）

7. 焊条电弧焊时，焊接速度是指单位时间内焊条熔化的长度。（　　）

8. 电火花线切割加工过程中，工作液应具备一定的绝缘性，较好的冷却性，良好的湿润性、洗涤性、防锈性和环保性。（　　）

9. 快速原型制造技术加工的成型件，成型件表面有加工台阶，可以通过降低单层厚度的方法，来消除加工台阶误差。（　　）

10. 车床主轴转速变快时，进给量不发生变化。（　　）

11. 非模态代码仅对所在程序段有效，其功能无法自动延续至后续程序段，又被称为"当段作用代码"。（　　）

12. 三相异步电动机是直流电动机的一种。（　　）

13. 数控铣床执行程序段 "G00 X100 Y100 F150" 时，铣刀将以 150mm/min 的速度切削工件。（　　）

14. 钳工工艺中，划线基准应与设计基准尽量一致。（　　）

15. 以单轴控制模式操纵 Dobot Magician 机械臂时，各轴默认以顺时针方向为正方向。（　　）

16. 数控车床加工时，工件装夹于机床主轴并随主轴旋转。（　　）

17. 氧乙炔切割时，应预先将切割处附近的金属预热到熔点。（　　）

18. 在立式铣床上铣削斜面，可以用倾斜立铣头的方式来实现。（　　）

19. M7120 型平面磨床的工作台往复运动采用的是液压传动系统。（　　）

20. 当 Dobot Magician 机械臂处于脱机模式时，指示灯为蓝色常亮状态。　　　　（　　　）

二、单项选择题（每题 1 分，共 20 分）

1. 焊芯的作用是（　　　）。
   A. 传导电流，填充焊缝　　　　　　　B. 传导电流，提高稳弧性
   C. 传导电流，保护熔池　　　　　　　D. 保护熔池，提高稳弧性

2. SLS 快速成型工艺使用的加工材料是粉末状材料，SLS 工艺的材料利用率接近（　　　）。
   A. 70%　　　　　B. 80%　　　　　C. 90%　　　　　D. 100%

3. 手工造型时，舂砂太紧、型砂太湿、起模或修型时刷水过多以及砂型未烘干，铸件易产生（　　　）缺陷。
   A. 气孔　　　　B. 砂眼　　　　C. 夹渣　　　　D. 冷隔

4. 数控加工中，（　　　）可使刀具从当前点沿线性轨迹进给至终点。
   A. G00　　　　B. G01　　　　C. G02　　　　D. G03

5. 电火花线切割机床加工过程中，工件与电极丝之间所使用的电源是（　　　）。
   A. 变频电源　　　　　　　　　　B. UPS 电源
   C. 脉冲电源　　　　　　　　　　D. 逆变电源

6. 普通车床上，旋转（　　　）手柄可以使车床获得不同的转速。
   A. 主轴箱　　　B. 交换齿轮箱　　　C. 溜板箱　　　D 进给箱

7. 45 钢淬火时，加热温度应选择在（　　　）。
   A. 700~720℃　　　B. 760~780℃　　　C. 800~820℃　　　D. 840~860℃

8. 程序段"G90 G03 X_ Y_ R_"中，X、Y 后的数值表示（　　　）。
   A. 圆弧起点坐标值
   B. 圆弧终点坐标值
   C. 铣削终点相对于铣削起点的增量
   D. 圆心坐标相对于铣削起点的增量

9. 快速成型技术属于（　　　）技术范畴。
   A. 减材制造　　　B. 增材制造　　　C. 受阻制造　　　D. 自然成长

10. 下列型面中，（　　　）可用数控电火花线切割机床加工。
   A. 硬质合金件上的方形不通孔　　　B. 手柄的曲线回转面
   C. 淬火钢件上的多边形通孔　　　　D. 光学玻璃上的窄缝

11. 造型时，在型砂中加入木屑、锯末的主要作用是（　　　）。
   A. 提高砂型强度　　　　　　　　B. 防止粘砂
   C. 利于烘干砂型　　　　　　　　D. 提高砂型的透气性和退让性

12. （　　　）的焊缝易形成热裂纹。
   A. 窄而浅　　　B. 窄而深　　　C. 宽而浅　　　D. 宽而深

13. 当 Dobot Magician 机械臂正在执行回零操作时，指示灯是（　　　）状态？
   A. 绿色灯闪烁　　　　　　　　　B. 蓝色灯闪烁
   C. 绿色灯常亮　　　　　　　　　D. 蓝色灯常亮

14. 使用手摇脉冲发生器操作数控机床时，数控系统的工作模式应置为（　　　）。

    A. 自动　　　　　　B. 手动　　　　　　C. 增量　　　　　　D. 回零

15. 工件坐标系中，已知铣刀刀位点当前位于点 A（18，-21，4），运行程序段 "G91 G00 X13 Y8 Z-5" 后，铣刀的位置坐标将变为（　　　）。

    A. X13 Y8 Z-5　　　　　　　　　　B. X31 Y8 Z-1

    C. X31 Y-13 Z-1　　　　　　　　　D. X5 Y-8 Z-1

16. 合理选择工件铣削的（　　　），将对铣削质量产生较大影响。

    A. 定位基准　　　　　　　　　　B. 安装基准

    C. 加工基准　　　　　　　　　　D. 第一个面

17. 数控车床上电后，（　　　）不是数控系统默认的。

    A. 公制编程　　　　　　　　　　B. 直径编程

    C. 进给速度单位 mm/min　　　　D. 主轴正转

18. 异步电动机转子转速（　　　）定子磁场的转速。

    A. 等于　　　　B. 低于　　　　C. 高于　　　　D. 有时高于，有时低于

19. 下列材料牌号中，属于优质碳素结构钢的是（　　　）。

    A. Q215　　　　B. 30　　　　C. T10A　　　　D. W18Cr4V

20. 安装手锯锯条时，应做到（　　　）。

    A. 锯齿向前　　　　　　　　　　B. 锯齿向后

    C. 锯齿向前或向后均可　　　　　D 向前向后均可

三、填空题（每空 1 分，共 35 分）

1. 电火花线切割机床加工时，工件接电源_____极，电极丝接电源_____极。

2. 工件坐标系中，已知铣刀刀位点位于 A（30，40，12）；运行程序段 "G91 G01 X36 Y-48 Z-45 F150" 后到达 B 点，铣刀从 A 点移动至 B 点所需时间为_____s。

3. 将_____输入电动机而使其转换为_____输出时，这种运行状态称为电动状态。

4. 铸造是将熔化的金属液体_____到与零件形状相似的_____中，待其冷却凝固后，获得一定_____和_____的毛坯件的方法。

5. 程序段 "G71 U1 R2 P1 Q2 X-0.5 Z0.1 F80 S600" 表达的是_____（外圆/内孔）结构的粗车复合循环，该结构在精车加工期间，车刀的切削深度为_____mm。

6. 在工件坐标系的 XY 平面内，铣刀刀位点位于点 A，向量 **AB** =（5，-10），驱动铣刀由 A 点快速移动至 B 点的程序段为_____。

7. Dobot Magician 机械臂的运动控制模式分为_____和_____。

8. 根据电极丝的运行方向和速度，电火花线切割机床通常分为两类，分别是_____和_____。

9. 在确定 ZJK7532A-4 立式数控铣钻床机床坐标系各轴方位时，右手拇指、食指、中指所指方向分别代表_____、_____和_____的正向。

10. 数控车削程序段 "G02 X__ Z__ R__" 中，R 后的数值表示_____。

11. 锉刀是锉削的主要工具，它由_____和_____组成。

12. CK6140 数控车床型号中，C 表示_____，40 表示_____。

13. 桌面级 3D 打印机可通过控制打印平台的上下移动实现_____坐标轴方向的堆积成型。

14. Dobot Magician 机械臂的坐标系可分为_____和_____。

15. _____格式是一种普遍适用于现阶段快速成型设备的文件格式，该文件由多个三角形面片的定义组成，每个三角形面片的定义包括三角形各个顶点的三维坐标及三角形面片的法矢量。

16. 常用的单层绕组有_____、_____和_____。

17. 利用实训时的普通车床车削工件，若要求工件直径尺寸切除 0.5mm，应将中滑板沿_____方向进_____格。

18. 铣削加工时，铣刀与工件接触部分的旋转方向与工件进给运动方向相同的铣削方式称为_____；铣刀与工件接触部分的旋转方向与工件进给运动方向相反的铣削方式称为_____。

四、简答题（每题 3 分，共 15 分）

1. 简述"电蚀"的概念。

2. 标出砂型结构示意图的各部分名称。

1—_____　　2—_____　　3—_____

4—_____　　5—_____　　6—_____

7—_____　　8—_____　　9—_____

10—_____

3. 根据下图所示的热处理工艺曲线，指出各曲线属于何种热处理方法。

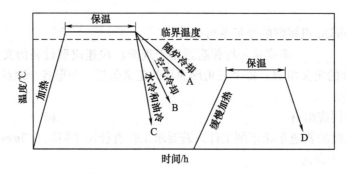

A. _____ B. _____ C. _____ D. _____

4. 简述数控铣削程序段 "G90 G00 X40 Y45" 与 "G91 G00 X40 Y45" 的区别。

5. 结合快速成型技术的基本原理，简要分析其工艺参数中的单层厚度、加工质量及加工时间的关系。

五、综合训练题（每题 5 分，共 10 分）

1. 将图示零件的数控车削加工程序补充完整。已知：工件坐标系设置如图所示，切断刀刀宽 3mm，以左刀尖为刀位点编程。毛坯为 $\phi45 \times 200$ 铝合金棒料。

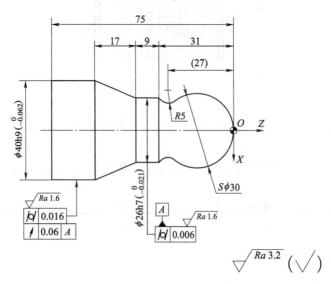

%1234
T0101
G00 X100 Z100
M03 S400
X45 Z2
_____

N1 G00 X0
G01 Z0 S500 F40

_____

_____

G01 Z-40

_____

Z-78. 5
N2 X45
G00 X100 Z100

T0202
G00 Z_____
X47
_____ F20 S300
G00 X100 Z100
M05
M30

2. 根据指定的铣刀规格，将图示零件的数控铣削加工程序补充完整。已知：工件坐标系设置如图所示，加工开始前，铣刀刀位点位于工件坐标系原点 O 处，毛坯为 100mm×100mm×30mm 立方体铝合金。

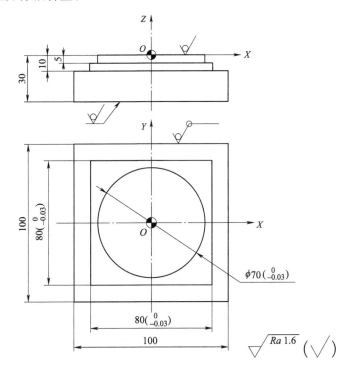

精加工

%1234

G92 X0 Y0 Z0

G00 Z20

M03 S600 F100

_____ Y-60

G01 Z-10

_____

_____

_____

X-60

G00 Z20

_____ Y-50

G01 Z-5

Y0

_____

_____

G00 Z20

X0 Y0

M05

M30

完整加工

%1234

G92 X0 Y0 Z0

G00 Z20

M03 S600 F100

_____ Y-60

G01 Z-10

_____

_____

_____

X-60

G00 Z20

_____

G01 Z-5

G02 _____

_____

G02 _____

G01 Y10

G00 Z20

X0 Y0

M05

M30

参 考 文 献

[1] 张玉华，杨树财. 工程训练实用教程［M］. 北京：机械工业出版社，2017.

[2] 杨树财，张玉华. 数控加工技术与项目实训［M］. 北京：机械工业出版社，2013.

[3] 何倩鸿. 基础工程训练［M］. 北京：科学出版社，2020.

[4] 刘志东. 特种加工［M］. 北京：北京大学出版社，2017.

[5] 杨琦，许家宝. 工程训练及实习报告［M］. 合肥：合肥工业大学出版社，2020.

[6] 深圳市越疆科技有限公司. 智能机械臂控制与编程［M］. 北京：高等教育出版社，2019.

[7] 何琼，楼桦，周彦兵. 人工智能技术应用［M］. 北京：高等教育出版社，2020.

[8] 卢清萍. 快速原型制造技术［M］. 北京：高等教育出版社，2001.

[9] 王学让，杨占尧. 快速成形与快速模具制造技术［M］. 北京：清华大学出版社，2006.

[10] 戈宝军，梁艳萍. 电机学［M］. 北京：中国电力出版社，2019.

[11] 李永华. 电动机维修与拖动［M］. 北京：机械工业出版社，2020.

[12] 伍端阳，梁庆. 数控电火花线切割加工实用教程［M］. 北京：化学工业出版社，2017.